EMEKA C. MONEME

Ocimum Gratissimum: A PLANTA MILAGROSA

EMEKA C. MONEME

Ocimum Gratissimum: A PLANTA MILAGROSA

Avaliação da composição nutricional do extrato de folhas de Ocimum gratissimum

ScienciaScripts

Cover image: www.ingimage.com

This book is a translation from the original published under ISBN 978-620-5-51089-6.

Publisher:
Sciencia Scripts
is a trademark of
Dodo Books Indian Ocean Ltd. and OmniScriptum S.R.L publishing group

120 High Road, East Finchley, London, N2 9ED, United Kingdom
Str. Armeneasca 28/1, office 1, Chisinau MD-2012, Republic of Moldova, Europe
Managing Directors: Ieva Konstantinova, Victoria Ursu
info@omniscriptum.com

Printed at: see last page
ISBN: 978-620-8-57121-4

DEDICAÇÃO

Este trabalho é dedicado a Deus Todo-Poderoso e ao Nosso Salvador Jesus Cristo pela Sua profunda misericórdia e graça duradoura que permitiram a realização desta investigação.

RECONHECIMENTO

Estou muito grato ao meu supervisor de mestrado, Prof. A.C. Nwaka, cuja orientação e encorajamento regulares abriram caminho para o sucesso deste trabalho.

O meu apreço vai também para o Dr. Adebayo Oladejo do Departamento de Bioquímica Aplicada da Universidade Nnamdi Azikiwe, Awka, pelo seu imenso contributo, e para o Prof. A.U. Onochie, o meu orientador de doutoramento, pelo seu escrutínio e impacto, bem como para outro pessoal docente e administrativo do Departamento de Bioquímica da Universidade Chukwuemeka Odumegwu Ojukwu, Campus de Uli, Estado de Anambra, Nigéria. Os vossos vários contributos, num momento ou noutro, contribuíram para o êxito deste trabalho.

Não posso deixar de agradecer à minha família, especialmente aos meus filhos, Somadina, Benedict, Hillary e Munachi. Ficaram acordados a maior parte das noites para ajudar a compor este trabalho, como forma de garantir o meu sucesso. As vossas demonstrações de amor continuam a ser a minha maior motivação. Amo-vos a todos.

Por último, a vários outros que talvez não tenha espaço para mencionar aqui os seus nomes. Agradeço-vos e aprecio-vos.

Que Deus vos honre e abençoe a todos.

ÍNDICE DE CONTEÚDO

RESUMO

Os legumes são conhecidos por serem fontes vitais de alimentos nutritivos. Este estudo avalia a composição nutricional do extrato de folhas de Ocimum *gratissimum* em relação à análise de minerais e vitaminas. As folhas frescas de *Ocimum gratissimum* foram adquiridas num mercado local em Awka North Local Government Area do Estado de Anambra, Nigéria, e foram lavadas, descascadas, secas no forno a 40 ^{0}C, pulverizadas e peneiradas através de uma malha de 2,0 mm antes da análise. Foram efectuados rastreios fitoquímicos, análises proximais, de minerais e de vitaminas, utilizando métodos padrão. Os resultados indicaram que *o Ocimum gratissimum* continha um elevado nível de esteróides (81,91±14,16 ug/g), flavol-3-ol (81,88±9,14 ug/g), antocianina (67,13±6,63 ug/g) e fenol (50,72±6,07 ug/ml), o que possivelmente lhe confere uma vasta gama de capacidades farmacológicas. A análise proximal revelou um elevado nível de hidratos de carbono (51,78 ± 0,50 %), proteínas (10,50 ± 0,04 %) e fibras (9,38 ± 0,05 %), com uma quantidade mínima de gordura bruta (4,94 ± 0,03 %). A análise das composições minerais mostrou que o vegetal continha uma quantidade considerável de minerais que é suficiente para melhorar o bem-estar geral, enquanto a análise vitamínica revelou que as folhas de *Ocimum gratissimum* são suficientemente ricas em vitamina E e podem, portanto, atuar como antioxidantes e, consequentemente, ajudar a melhorar o estado de saúde dos seus consumidores.

Palavras-chave: Vegetais de folha verde, *Ocimum gratissimum,* nutrição, saúde,

CAPÍTULO 1

1.0 INTRODUÇÃO

Os vegetais de folha verde são partes de plantas amplamente suculentas cultivadas em jardins e consumidas como acompanhamento ou sopa com alimentos básicos ricos em amido entre as tribos da Nigéria (Ajayi *et al.*, 2018). A importância dos componentes dietéticos dos vegetais de folha é significativa na população africana, uma vez que são comparativamente ricos em fibras, que os cereais; os vegetais de raiz e outros géneros alimentícios são fontes relativamente pobres (Okonwu *et al.*, 2022). Na Nigéria, tal como na maioria dos outros países africanos onde a dieta é dominada por alimentos básicos ricos em amido, os legumes são considerados a fonte barata de energia. São fontes muito ricas de nutrientes como o caroteno, as proteínas, as vitaminas, o cálcio, o ferro, o ácido ascórbico e uma concentração tangível de minerais vestigiais (Nakano et al., 2023).

Existem muitas espécies de legumes no mundo, que se caracterizam por acrescentar sabor, gosto e cor a uma dieta que, de outra forma, seria monótona. Os valiosos nutrientes alimentares contidos nos legumes podem ser utilizados para a construção do corpo, material protetor e regulador, bem como fontes de energia para o corpo.

Os legumes também contêm metabolitos secundários das plantas que actuam como anti-nutrientes (Baiyeri *et al.*, 2023). Estes metabolitos secundários incluem: taninos, fitato, oxalato e cianeto; todos eles têm diferentes prejuízos para a nutrição e a saúde (Ojimelukwe e Amaechi, 2019). Um bom vegetal de folha é aquele que contém uma grande quantidade destes nutrientes benéficos e uma quantidade muito reduzida de anti-nutrientes. Um dos legumes promissores que foi aclamado como "bom" é o *Ocimum gratissimum.*

O Ocimum gratissimum Linn (Lamiaceae) é um arbusto herbáceo que se encontra sobretudo em países tropicais, incluindo a Nigéria (Akara *et al.*, 2021), onde é vulgarmente designado por manjericão-cravo, manjericãodoce, erva-do-chá, folha de perfume ou planta da febre; mas também é popularmente conhecido com diferentes nomes locais na Nigéria como "*Daidoya*" (hausa), "*Effirin*" (yoruba) e "*Nchuanwu*" (igbo).

O Ocimum gratissimum é uma planta herbácea perene, muito difundida e comercialmente viável, com um cheiro aromático muito forte. É utilizada como agente aromatizante natural, condimento ou vegetal na preparação de peixe, carne, sopa e guisado.

Relatórios científicos mostraram que *O. gratissimum* tem uma ampla gama de compostos bioativos, como flavonóides e polifenóis (Irondi *et al.*, 2016) e óleos essenciais com vários efeitos benéficos (Melo *et al.*, 2019). Como as concentrações dos nutrientes variam de uma espécie de hortaliça folhosa para outra, é necessário investigar essas concentrações variáveis nas hortaliças. Assim, este estudo avalia a composição nutricional de *Ocimum gratissimum*.

CAPÍTULO DOIS

2.0 REVISÃO DA LITERATURA

2.1 A INSTALAÇÃO

O Ocimum gratissimum, popularmente conhecido como folha de perfume, está amplamente distribuído nos trópicos de África e da Ásia. Na Nigéria, é sobretudo utilizada como especiaria e é comestível. Trata-se de uma planta herbácea perene com um aroma avassalador. A planta *Ocimum gratissimum* é um membro da família Lamiaceae. Para além de ser chamada "Nchu Anwu" em Igbo, "Efirrin Ajase" em Yoruba, e "Bunsuru Daji" em Hausa, é também conhecida como manjericão africano ou folha de cheiro (Tanko *et al.*, 2008). Tem 1-3 cm de altura, com um caule ereto que se ramifica para formar uma base esférica e quadrangular, e as suas folhas são opostas, finas e marginais.

2.1.1 LOCALIZAÇÃO GEOGRÁFICA

O Ocimum gratissimum é um arbusto perene e odorífero presente em regiões tropicais como o Brasil, a Índia, o Vietname, o Ruanda, a Nigéria (*Lahlou et al.*, 2004 ; Nweze e Eze, 2009), os Camarões, o Togo, a Costa do Marfim, o Quénia, o Benim (*Kpoviessi et al.*, 2014) e a África do Sul (Venuprasad *et al.*, 2014).

2.1.2 TAXONOMIA

A maioria dos membros da família Lamiaceae são classificados como ervas, especiarias e outras variedades aromáticas. Existem 7200 espécies de árvores, arbustos e videiras na família Lamiaceae, que tem 236 géneros. A maioria das 60 espécies do género Ocimum está localizada em África (Tanko *et al.*, 2008). *O Ocimum gratissimum* existe numa variedade de formas e é frequentemente dividido em várias espécies e subespécies.

2.1.3 UTILIZAÇÕES TRADICIONAIS

De acordo com vários inquéritos etnofarmacológicos, *o ocimum gratissimum* é uma planta amplamente utilizada nas comunidades para o tratamento de uma vasta gama de doenças (Ajayi *et al.*, 2017). Todos os continentes possuem atualmente esta planta, que é conhecida pelos seus benefícios medicinais. De acordo com Kpoviessi *et al.* (2014), tem um potencial terapêutico notavelmente amplo e diversificado em toda a África. Nos Camarões, é utilizada para aliviar as dores de cabeça, as constipações e a tosse, e as suas infusões são consideradas tónicas e peitorais. Várias preparações desta planta são utilizadas na Costa do Marfim para tratar oftalmias, dermatoses e infecções do ouvido (Kpoviessi *et al.*, 2014). De acordo com Kpoviessi *et al.* (2014), é aconselhada para o tratamento de diarreia e doenças respiratórias na Nigéria. Para além de tratar a pneumonite, também é utilizada para tratar dores de cabeça, febres, problemas oftálmicos e de pele. O Togo utiliza a infusão da planta como antitússico para tratar a tosse. A maceração aquosa das suas folhas é utilizada para tratar a uretrite purulenta e a hematúria, e o sumo fresco das suas folhas possui qualidades antidiarreicas e antidisentrópicas (Kpoviessi *et al.*, 2014). Na República do Benim, as distopias, as dores pélvicas, as cólicas, as candidoses, as hemorróidas (pilhas) e as diarreias são tratadas com a maceração aquosa da polpa ou das partes aéreas da planta. Segundo Chah *et al.* (2006) e Kpoviessi *et al.* (2014), a decocção do caule é utilizada para tratar a hepatite, a tosse, a asma e as infecções de feridas. O sumo das suas folhas é utilizado para curar a desnutrição, a febre, as dores de cabeça, a angina e as cefaleias. As suas inflorescências são utilizadas numa variedade de pratos como aromatizantes.

FIGURA 2.1: ***Ocimum Gratissimum.***

https://en.m.wikipedia.org/wiki/ocimumgratissimum

2.1.4 CLASSIFICAÇÃO CIENTÍFICA

Reino:	Plantae
Classe:	Angiospermas
Encomendar:	Lamiales
Família:	Lamiaceae
Género:	Ocimum
Espécies:	*O. gratissimum*

2.1.5 PROPRIEDADES MEDICINAIS

A planta tem uma longa história de utilização para fins curativos, e algumas das suas utilizações farmacológicas foram documentadas. De acordo com estudos, *o Ocimum gratissimum* pode ser um eficaz eliminador de radicais livres, minimizando as consequências do stress oxidativo no corpo (Njoku *et al.*, 2011). Foram demonstrados os efeitos antibacterianos e antilipidémicos do óleo essencial *de Ocimum gratissimum* (Omodamiro e Jimoh, 2015; Ayinla *et al.*, 2011). Em coelhos experimentais, aumenta a permeabilidade vascular às proteínas plasmáticas (Prabhu *et al.*, 2009). Este é um aspeto típico da cicatrização normal de uma ferida (Orafidiya *et al.*, 2005). Devido à sua capacidade de melhorar a contração da ferida, os estudos apontam para os extractos metanólicos de *Ocimum gratissimum* como um possível agente de cicatrização de feridas (Osuagwu *et al.*, 2004). De acordo com Sahouo *et al.* (2003), também tem um efeito anti-inflamatório. O efeito histopatológico e o potencial anti-hemorroida do extrato de folha de etanol foi demonstrado por Moneme *et al.*, (2024). Após testes analgésicos realizados em ratos, pode haver efeitos analgésicos e espasmolíticos (Aziba *et al.*, 1999). A erva pode afetar e restaurar a integridade estrutural do fígado, bem como a atividade celular (Ujowundu *et al.*, 2011).

2.1.6 COMPOSIÇÃO FITOQUÍMICA

Foram encontrados terpenos, flavonóides, taninos, alcalóides, esteróides, proteínas, hidratos de carbono, lípidos e óleos nas folhas frescas e secas da planta, sendo que as amostras secas contêm quantidades mais elevadas destas substâncias (Njoku *et al.*, 2011).

TABELA 2.1 Estruturas químicas e actividades biológicas de compostos isolados de *O. gratissimum*.

https://www.sciencedirect.com/science/article/pii/S240584402102507X#

Nome do composto	**Estrutura do composto**	**Método de identificação**	**Actividades biológicas/efeitos benéficos**
Luteolina	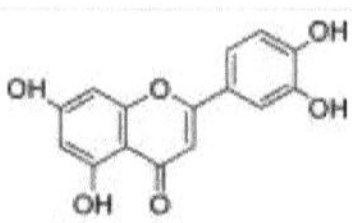 3	LC-ESI-MS/MS da fração etanólica a 70% de *O. gratissimum* Venuprasad *et al.* ,(2014) Cromatografia Líquida de Alta Eficiência acoplada a Deteção de	anti-hipertensão, anti-inflamatório e anti-cancerígeno.

Nome do composto	Estrutura do composto	Método de identificação	Actividades biológicas/efeitos benéficos
		Conjunto de Diodos (HPLC-DAD) utilizando *o extrato de folhas de O. gratissimum* (Irondi *et al*)., 2016	
Ácido gálico	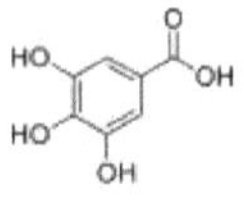 10	Cromatografia líquida de alta resolução acoplada a uma deteção de conjunto de díodos (HPLC-DAD) utilizando o *extrato de folhas de O. gratissimum* (Irondi *et al*)., 2016	Propriedades antioxidantes, anti-inflamatórias, antineoplásicas, hepatoprotectoras e anti-hiperglicémicas
Catequina	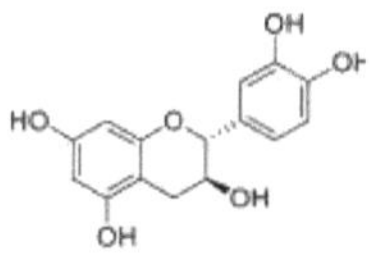 11	Cromatografia líquida de alta resolução acoplada a uma deteção por arranjo de díodos (HPLC-DAD) utilizando o *extrato de folhas de O. gratissimum* (Irondi *et al.*), 2016	Anti-inflamatório e anticancerígeno, Actividades antibacteriana, anti-hipertensiva e antioxidante

Nome do composto	Estrutura do composto	Método de identificação	Actividades biológicas/efeitos benéficos
Ácido clorogénico	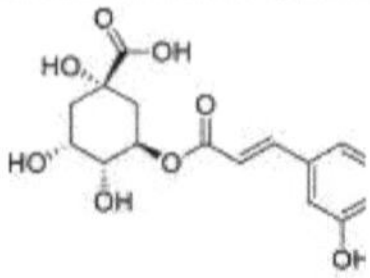 12	Cromatografia líquida de alta resolução acoplada a uma deteção de conjunto de díodos (HPLC-DAD) utilizando o *extrato de folhas de O. gratissimum* (Irondi *et al*)., 2016	Atividade antioxidante, antibacteriana, hepatoprotectora, cardioprotectora, anti-inflamatória, antipirética, neuroprotectora, anti-obesidade, antiviral, antimicrobiana, anti-hipertensão
Ácido cafeico	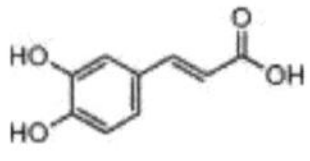 13	Cromatografia líquida de alta resolução acoplada a uma deteção de conjunto de díodos (HPLC-DAD) utilizando *o extrato de folhas de O. gratissimum* (Irondi *et al*)., 2016	Atividade antioxidante, anti-inflamatória e anticarcinogénica.
Ácido elágico	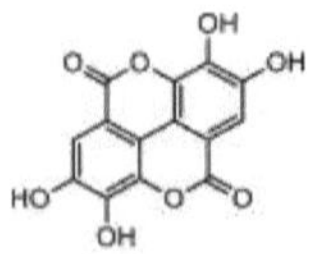 14	Cromatografia líquida de alta eficiência acoplada a uma deteção de conjunto de díodos	Efeitos antiaterogénicos, anti-inflamatórios e neuroprotectores.

Nome do composto	Estrutura do composto	Método de identificação	Actividades biológicas/efeitos benéficos
		(HPLC-DAD) utilizando o *extrato de folhas de O. gratissimum* (Irondi *et al.)*, 2016	
Epicatequina	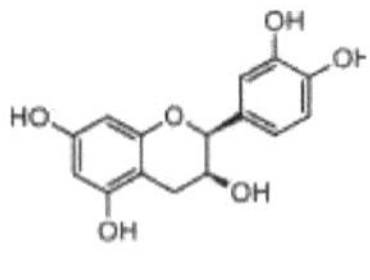 15	Cromatografia líquida de alta resolução acoplada a uma deteção de conjunto de díodos (HPLC-DAD) utilizando *o extrato de folhas de O. gratissimum* (Irondi *et al)*., 2016	Efeitos antiangiogénicos, antidiabéticos, antioxidantes e anticancerígenos
Quercetina	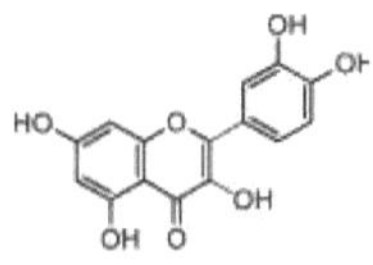 16	Cromatografia líquida de alta eficiência acoplada a uma deteção de conjunto de díodos (HPLC-DAD) utilizando o *extrato de folhas de O. gratissimum* (Irondi *et al.)*, 2016	Efeitos antidiabéticos, anti-inflamatórios, antioxidantes, antimicrobianos, anti-Alzheimer, antiartríticos, cardiovasculares e cicatrizantes

Nome do composto	Estrutura do composto	Método de identificação	Actividades biológicas/efeitos benéficos
Rutina	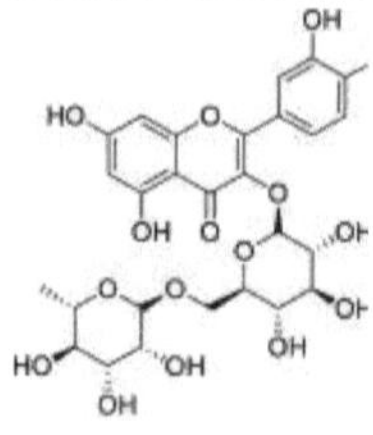 17	Cromatografia líquida de alta resolução acoplada a uma deteção de conjunto de díodos (HPLC-DAD) utilizando o *extrato de folhas de O. gratissimum* (Irondi *et al*)., 2016	Actividades antioxidante, citoprotectora, vasoprotectora, anticarcinogénica, neuroprotectora e cardioprotectora
Kaempferol	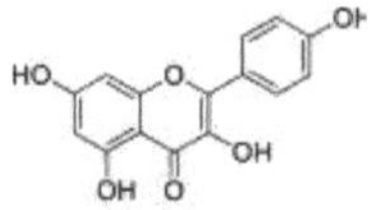 18	Cromatografia líquida de alta resolução acoplada a uma deteção por arranjo de díodos (HPLC-DAD) utilizando o extrato de folhas de *O. gratissimum* (Irondi *et al.*), 2016	Actividades antioxidante, anti-inflamatória, antimicrobiana, anticancerígena, cardioprotectora, neuroprotectora, antidiabética, anti-osteoporótica, estrogénica/antiestrogénica, ansiolítica, analgésica e antialérgica.

2.1.7 CONSTITUINTES QUÍMICOS DO ÓLEO ESSENCIAL PRESENTE

Os compostos presentes no óleo essencial de *O. gratissimum* incluem monoterpenos hidrocarbonados, como canfeno, α-tujeno, α-pineno, sabineno, β-pineno, β-mirceno, α e β-felandreno, δ-3-careno, limoneno, α-terpineno, p-cimeno, trans-β-ocimeno, γ-terpineno, terpinoleno, p-cimeno e p-mentano-1,3,8-trieno; monoterpenos oxigenados, como o 1.8-cineol, hidrato de cis-sabineno, linalol, hidrato de trans-sabineno, trans-tujona, citronelal, umbelulona, borneol, terpinen-4-ol, p-cimen-8-ol, α-terpineol, éter metílico de timol, estragol, p-cimen-7-ol, timol e carvacrol; sesquiterpenos hidrocarbonados, como α-copaeno, β-elemeno, γ-elemeno, β-cariofileno, α-trans-bergamoteno, α-humuleno, β-bourbuneno, α-guaieno, δ-cadineno, germacreno D, γ-selineno, β-selineno, α-selineno, (Z,E)-α-farneseno e 7-epi-α-selineno e sesquiterpenos oxigenados como o óxido de cariofileno, 1,2-epoxidehumuleno, e 3,7-(11)-eudesmadieno, espatulenol (Vieira *et al.*, 2001; Kpoviessi *et al.* 2012, 2014 e Essoung *et al.*, 2020).

TABELA 2.2 Estruturas químicas e actividades biológicas de compostos isolados do óleo essencial *de O. gratissimum*.

https://www.sciencedirect.com/science/article/pii/S240584402102507X#

Nome do composto	Estrutura do composto	Método de identificação	Actividades biológicas/efeitos benéficos
Camphene	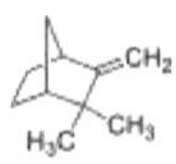 19	GC-MS de óleos essenciais de *O. gratissimum* extraídos por hidrodestilação assistida por micro-ondas (Benitez *et al.*, 2009), GC/FID e GC/MS de extração de	Atividade antioxidante e inibição do radical superóxido, ação hipolipidémica

Nome do composto	Estrutura do composto	Método de identificação	Actividades biológicas/efeitos benéficos
		partes aéreas frescas de *O. gratissimum* (*Kpoviessi et al*)., 2014	
α- & β-Pineno	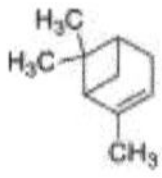 20 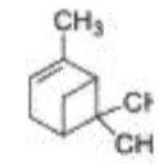 21	GC-MS da hidrodestilação assistida por micro-ondas extraiu óleos essenciais de *O. gratissimum* (Benitez *et al.*, 2009), GC/FID e GC/MS da extração de partes aéreas frescas de *O. gratissimum* (*Kpoviessi et al.*, 2014), GC-MS e GC/FID da folha de *O. gratissimum* (Melo *et al.*, 2019)	Efeitos antivirais, inibitórios, anticoagulantes, antitumorais, antimicrobianos, antimaláricos, antioxidantes, anti-inflamatórios, anti-leishmania e analgésicos
Sabineno	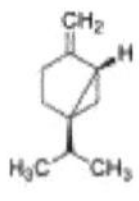 22	GC-MS de óleos essenciais extraídos por hidrodestilação assistida por micro-ondas de *O. gratissimum* (Benitez *et al.*, 2009), GC/FID e GC/MS de extração de partes aéreas frescas de	Atividade anti-inflamatória, tratamento de dermatofitoses

Nome do composto	Estrutura do composto	Método de identificação	Actividades biológicas/efeitos benéficos
		O. gratissimum (*Kpoviessi et al.*, 2014), GC-MS e GC/FID da folha de *O. gratissimum* (Melo *et al.*, 2019)	
β-Mirceno	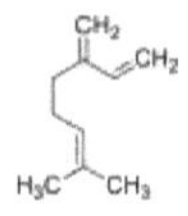 23	GC-MS de óleos essenciais extraídos por hidrodestilação assistida por micro-ondas de *O. gratissimum* (Benitez *et al.*, 2009), GC/FID e GC/MS da extração de partes aéreas frescas de *O. gratissimum* (*Kpoviessi et al.*, 2014), GC-MS e GC/FID da folha de *O. gratissimum* (Melo *et al.*, 2019)	Efeitos anti-inflamatórios e anti-catabólicos
Limoneno	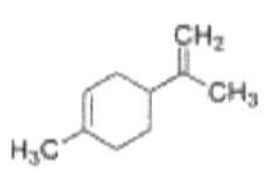 24	GC-MS de óleos essenciais extraídos por hidrodestilação assistida por micro-ondas de *O. gratissimum* (Benitez *et*	Efeitos anti-inflamatórios, antioxidantes, antinociceptivos,

Nome do composto	Estrutura do composto	Método de identificação	Actividades biológicas/efeitos benéficos
		al., 2009), GC/FID e GC/MS da extração de partes aéreas frescas de *O. gratissimum* (*Kpoviessi et al*)., 2014	anticancerígenos, antidiabéticos, anti-hiperalgésicos, antivirais e gastroprotectores, alívio da azia e do refluxo gastroesofágico
1,8-Cineol	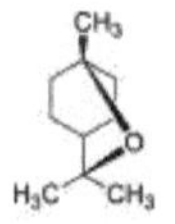 25	GC-MS de óleos essenciais extraídos por hidrodestilação assistida por micro-ondas de *O. gratissimum* (Benitez *et al.*, 2009), GC/FID e GC/MS da extração de partes aéreas frescas de *O. gratissimum* (*Kpoviessi et al.*, 2014), GC-MS e GC/FID da folha de *O. gratissimum* (Melo *et al.*, 2019)	Ação mucolítica e espasmolítica nas vias respiratórias, anti-inflamatória e anti-oxidante, atividade antinociceptiva
trans-β-Ocimeno	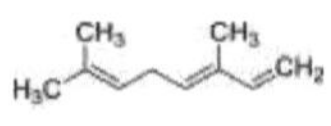 26	GC-MS de óleos essenciais extraídos por	Atividade anticonvulsiva,

Nome do composto	Estrutura do composto	Método de identificação	Actividades biológicas/efeitos benéficos
		hidrodestilação assistida por micro-ondas de *O. gratissimum* (Benitez *et al.*, 2009), GC/FID e GC/MS da extração de partes aéreas frescas de *O. gratissimum* (*Kpoviessi et al.*, 2014), GC-MS e GC/FID da folha de *O. gratissimum* (Melo *et al.*, 2019)	atividade antifúngica, atividade antitumoral
Linalol	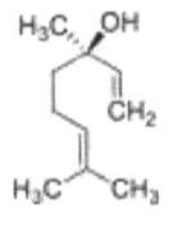 27	GC-MS de óleos essenciais extraídos por hidrodestilação assistida por micro-ondas de *O. gratissimum* (Benitez *et al.*, 2009), GC/FID e GC/MS da extração de partes aéreas frescas de *O. gratissimum* (*Kpoviessi et al.*, 2014), GC-MS e GC/FID da	Propriedades antimicrobianas e repelentes de insectos, atividade anti-inflamatória, anti-hiperlipidémica, antidepressiva, neuroprotectora e anticancerígena

Nome do composto	Estrutura do composto	Método de identificação	Actividades biológicas/efeitos benéficos
		folha de *O. gratissimum* (Melo *et al.*, 2019)	
α- & δ-Terpineol	28 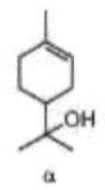 29 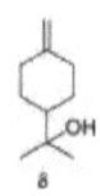	GC-MS de óleos essenciais extraídos por hidrodestilação assistida por micro-ondas de *O. gratissimum* (Benitez *et al.*, 2009), GC/FID e GC/MS da extração de partes aéreas frescas de *O. gratissimum* (*Kpoviessi et al.*, 2014), GC-MS e GC/FID da folha de *O. gratissimum* (Melo *et al.*, 2019)	Inibe o crescimento de células tumorais Atividade antibacteriana
Eugenol	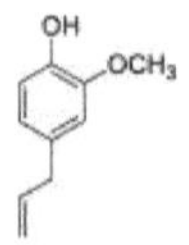 30	GC-MS de óleos essenciais de *O. gratissimum* extraídos por hidrodestilação assistida por micro-ondas (Benitez *et al.*, 2009), GC/FID e GC/MS da extração de partes	Antimicrobiano, anti-inflamatório, analgésico e antioxidante.

Nome do composto	Estrutura do composto	Método de identificação	Actividades biológicas/efeitos benéficos
		aéreas frescas de *O. gratissimum* (*Kpoviessi et al.*, 2014), GC-MS e GC/FID da folha de *O. gratissimum* (Melo *et al.*, 2019)	
α-Copaeno	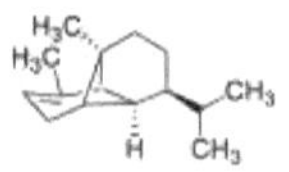 31	GC-MS de óleos essenciais extraídos por hidrodestilação assistida por micro-ondas de *O. gratissimum* (Benitez *et al.*, 2009), GC/FID e GC/MS da extração de partes aéreas frescas de *O. gratissimum* (*Kpoviessi et al*)., 2014	Caraterísticas antioxidantes e antigenotóxicas, Potencial agente anticancerígeno
β-Elemene	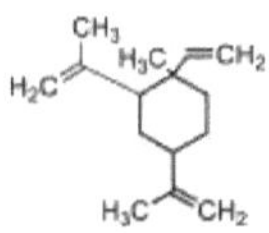	GC-MS de óleos essenciais extraídos por hidrodestilação assistida por micro-ondas de *O. gratissimum* (Benitez *et al.*, 2009), GC/FID e GC/MS da extração de partes	Efeitos anti-inflamatórios e antitumorais

Nome do composto	Estrutura do composto	Método de identificação	Actividades biológicas/efeitos benéficos
		aéreas frescas de *O. gratissimum* (*Kpoviessi et al.,)* 2014	
p-cimeno	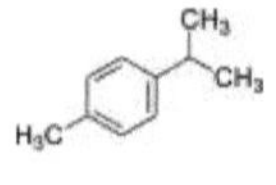 33	GC/FID e GC/MS da extração de partes aéreas frescas de *O. gratissimum* (*Kpoviessi et al.,)* 2014	Propriedades analgésicas e anti-inflamatórias
Timol	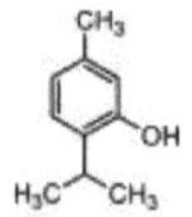 34	GC/FID e GC/MS da extração de partes aéreas frescas de *O. gratissimum* (*Kpoviessi et al)*., 2014	Ação anti-séptica, antibacteriana, antifúngica, anti-helmíntica, antiviral, antioxidante, expetorante, antiespasmódica, carminativa, diaforética, sedativa, anti-reumática e mesmo anti-cancerígena, anti-hiperlipidémica

Nome do composto	Estrutura do composto	Método de identificação	Actividades biológicas/efeitos benéficos
			e anti-hiperglicémica
Carvacrol	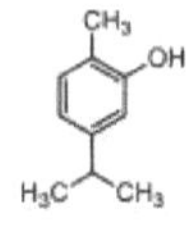 35	GC/FID e GC/MS da extração de partes aéreas frescas de *O. gratissimum* (*Kpoviessi et al.*), 2014	Actividades antimicrobiana, antioxidante e anticancerígena, analgésica, antiespasmódica, anti-inflamatória, angiogénica, antiparasitária, antiplaquetária, inibidora da AChe, inseticida, anti-hepatotóxica e hepatoprotectora
β-cariofileno	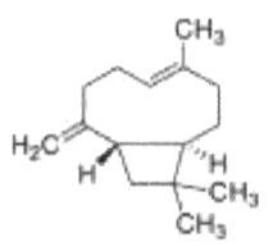 36	GC/FID e GC/MS da extração de partes aéreas frescas de *O. gratissimum* (*Kpoviessi et al.*), 2014	Atividade antioxidante, anti-inflamatória, anticancerígena, cardioprotectora,

Nome do composto	Estrutura do composto	Método de identificação	Actividades biológicas/efeitos benéficos
			hepatoprotectora, gastroprotectora, nefroprotectora, antimicrobiana e imunomoduladora.
α-humuleno	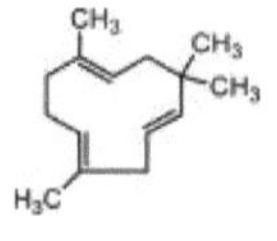 37	GC/FID e GC/MS da extração de partes aéreas frescas de *O. gratissimum* (*Kpoviessi et al.*, 2014), GC-MS e GC/FID da folha de *O. gratissimum* (Melo *et al.*, 2019).	Propriedades anti-inflamatórias

2.1.8 COMPOSIÇÃO PROXIMAL E MINERAL

De acordo com a análise proximal de Oluwole *et al.* (2019), o teor de humidade, gordura bruta, fibra bruta, proteínas brutas, hidratos de carbono e cinzas foram, pela ordem, 75,73%, 1,40%, 2,76%, 2,80%, 5,80% e 6,90%, respetivamente. A amostra de folhas de O. *gratissimum* tinha quantidades significativas de cálcio (13,65 mg/100 g), sódio (21,10 mg/100 g), ferro (13,03 mg/100 g) e zinco (31,03 mg/100 g), de acordo com a análise dos elementos minerais, enquanto não tinha vestígios de cádmio. De acordo com a investigação, as folhas de *O. gratissimum* são fontes ricas de nutrientes e minerais necessários para o crescimento e desenvolvimento humano e dos animais de criação, e as composições destes nutrientes e minerais são influenciadas por factores ambientais e actividades humanas (Talabi e Makanjuola, 2017; Oluwole *et al.*, 2019). O limite máximo admissível de concentração mineral em conformidade com a norma da Organização Mundial de Saúde (OMS)/Organização das Nações Unidas para a Alimentação e a Agricultura (FAO) para produtos hortícolas e a norma da Agência Nacional de Controlo da Administração de Alimentos e Medicamentos (NAFDAC) para alimentos foi descrito por Anjili *et al.* (2019). Além disso, Terry *et al.* (2000) relataram que a faixa de concentração de selénio das plantas é de cerca de 0,05 a 1,00mg/kg de peso seco.

TABELA 2.3: Mostrando algumas concentrações máximas admissíveis de minerais de acordo com as normas da OMS/FAO para vegetais e as normas NAFDAC para alimentos (Anjili *et al.*, 2019).

METAIS	**FAO/OMS DST**	**NAFDAC DST**
Cálcio (mg/kg)	-	-
Cupper (mg/kg)	73.00	0 - 40.00
Cobalto (mg/kg)	50.00	0 - 3.50
Ferro (mg/kg)	425.00	10 - 40.70
Potássio (mg/kg)	-	-
Manganês (mg/kg)	500.00	-
Zinco (mg/kg)	100.00	0 - 50.00

2.1.9 ESTUDOS DE TOXICIDADE

Nas regiões tropicais, a folha de cheirosa, uma planta comestível, é frequentemente consumida e utilizada como especiaria. De acordo com

Njoku *et al.* (2011), a toxicidade aguda do extrato da planta em etanol em ratos foi relatada como sendo de 2450mg/kg de peso corporal. O teste de toxicidade in vivo do extrato em ratos albinos revelou que era seguro em diferentes doses (Umar *et al.*, 2019).

CAPÍTULO 3

3.0 MATERIAIS E MÉTODOS

3.1 MATERIAIS VEGETAIS

As folhas frescas de *Ocimum gratissimum* foram compradas no mercado diário de Mgbakwu, na zona governamental local de Awka North do Estado de Anambra, Nigéria, e foram autenticadas por um taxonomista, o Sr. Iroka Finan, do Departamento de Botânica da Universidade Nnamdi Azikiwe, Awka, tendo sido depositado um exemplar no Herbário n.º NAUH 35B. As folhas foram então separadas do caule, lavadas com água destilada e secas na estufa a 40 ^{0}C. As amostras secas foram moídas em pó fino e peneiradas numa malha de 2,0 mm antes da análise.

3.1.1 RASTREIO FITOQUÍMICO

Seguindo o método descrito por Buss e Butler (2010), o rastreio fitoquímico foi efectuado utilizando um cromatógrafo a gás BUCK M910 equipado com um detetor de ionização de chama.

3.1.1.1 EXTRACÇÃO DE FITOQUÍMICOS

Foi pesado um grama de amostra e transferido para um tubo de ensaio, tendo sido adicionados 15 ml de etanol e 10 ml de hidróxido de potássio a 50% m/v. O tubo de ensaio foi deixado a reagir num banho de água a 60^{0}c durante 60 minutos. Após o tempo de reação, o produto da reação contido no tubo de ensaio foi transferido para uma ampola de decantação. O tubo foi lavado com 20 ml de etanol, 10 ml de água fria e, em seguida, 10 ml de água quente e 3 ml de hexano, que foram transferidos para a ampola de decantação. Este extrato foi combinado e lavado três vezes com 10 ml de solução aquosa de etanol a 10% v/v. A solução foi seca com sulfato de sódio anidro e o solvente foi evaporado. A amostra foi solubilizada em 1000µl de piridina, dos quais 200µl foram transferidos para um frasco para análise.

3.1.1.2 QUANTIFICAÇÃO POR GC-FID

A análise fitoquímica foi efectuada num cromatógrafo a gás BUCK M910 equipado com um detetor de ionização de chama. A coluna foi uma RESTEK 15m MXT-1 (15m × 250μm x 0,15μm). Com uma injeção splitless de 2μl de amostra a uma velocidade linear de 30cms-1, o injetor foi aquecido a uma temperatura de 280^{0}C. O gás de transporte, hélio, tinha um caudal de 40ml/min e uma pressão de 5.0pa. Inicialmente, o forno funcionou a 2000^{0}C. Foi aquecido a 3300°C a uma taxa de 30°C por minuto, e a temperatura foi mantida durante 5 minutos. O detetor funcionou a uma temperatura de 3200^{0}C.

A relação entre a área e a massa do padrão interno e a área dos fitoquímicos detectados foi utilizada para identificar os fitoquímicos. As quantidades por grama das várias concentrações de fitoquímicos são indicadas em μg/g.

3.1.2 ANÁLISE DE PROXIMIDADE

Foram utilizados os métodos padrão da (AOAC, 1990) para determinar o teor de humidade, proteína bruta, gordura bruta, cinzas totais, teor de fibra bruta e hidratos de carbono.

3.1.2.1 TEOR DE HUMIDADE (AOAC, 1990)

Procedimento

Lavou-se uma placa de Petri e secou-se na estufa, pesando-se depois cerca de 1-2 g da amostra na placa de Petri. O peso da placa de Petri e da amostra foi anotado antes da secagem. A placa de Petri e a amostra foram colocadas na estufa e aquecidas a 105^{0}c durante 2 horas e o resultado foi anotado, e depois aquecidas mais 1 hora até se obter um resultado constante e o peso foi anotado. O procedimento de secagem foi continuado até se obter um peso constante.

$$\% \text{ de humidade} = \frac{W1\text{-}W2}{\text{Peso da amostra}} \times 100$$

Em que W1 = peso da placa de Petri e da amostra antes da secagem

W2 Peso da placa de Petri e da amostra após secagem.

3.1.2.2 DETERMINAÇÃO DOS HIDRATOS DE CARBONO

(Método diferencial)

100 - (%Proteína + %Humidade + %Cinzas + %Gordura + %Fibra)

3.1.2.3 TEOR DE CINZAS (AOAC, 1990)

Princípio: A cinza dos géneros alimentícios é o resíduo inorgânico que resta após a combustão da matéria orgânica. É de notar, no entanto, que a cinza obtida não é necessariamente da composição, pois pode haver um pouco de volatilização.

Procedimento

O peso do cadinho de platina vazio após secagem e lavagem foi registado. Pesou-se um a dois gramas de amostra no cadinho de platina, que foi então aquecido a 5500 graus Celsius numa mufla durante três horas. Após a combustão, a amostra foi arrefecida num dessecador e pesada.

Cálculos

% Teor de cinzas =

$$\frac{W3 - W1}{W2 - W1} \times \frac{100}{1}$$

Onde

W1 = peso do cadinho de platina vazio

W2 = peso do cadinho de platina e da amostra antes da combustão

W3 = peso da platina e das cinzas.

3.1.2.4 FIBRA BRUTA (AOAC, 1990)

Procedimento

Utilizou-se éter de petróleo para esvaziar cerca de 2g do material. Com 200 ml de uma solução contendo 1,25 g de H_2SO4 por 100 ml de solução, aqueceu-se a refluxo durante 30 minutos. Depois de passar através de filtros de linho, a solução foi lavada em água a ferver até à remoção dos resíduos ácidos. Transferir o resíduo para um copo e adicionar 200 ml de uma solução contendo 1,25 g de NaOH sem carbonatos por 100 ml, aquecendo durante 30 minutos. Num cadinho de Gooch, o resíduo final foi filtrado através de uma almofada fina mas densa de amianto limpo e aceso. Foi pesado depois de ter sido seco num forno elétrico. Em seguida, foi queimado, arrefecido e pesado.

A perda de peso após a incineração x 100 é a percentagem de fibra bruta.

$$\% \text{ de fibra bruta} = \frac{\text{Peso da fibra}}{\text{Peso da amostra}} \times 100$$

3.1.2.5 GORDURA BRUTA (MÉTODO DE EXTRACÇÃO DE GORDURA SOXHLET)

Este método é efectuado através da extração contínua de uma amostra com um solvente orgânico não polar, como o éter de petróleo, durante cerca de 1 hora ou mais.

Procedimento

Durante cerca de 30 minutos, secou-se um balão limpo de 250 ml em ebulição numa estufa regulada para 105 a 110^0C. Em seguida, foi colocado num dessecador para arrefecer. O balão de ebulição arrefecido foi pesado e rotulado adequadamente. Adicionaram-se cerca de 300 ml de éter de petróleo ao balão de ebulição (ponto de ebulição 40 - 60^0C). Utilizou-se algodão para fazer um tampão ligeiro no dedal de extração. Depois de montado, o aparelho de Soxhlet foi colocado em refluxo durante cerca de seis horas. Retirando cuidadosamente o dedal, recolheu-se o éter de petróleo no recipiente superior do aparelho, que foi esvaziado num recipiente para utilização posterior. O balão foi retirado e seco a 1050°-1100°C durante uma hora até o éter de petróleo desaparecer quase completamente. Em seguida, foi transferido da estufa para um exsicador, deixado arrefecer e pesado.

$$\% \text{ de matéria gorda} = \frac{\text{Peso do frasco + óleo - Peso do frasco}}{\text{Peso da amostra}} \times 100$$

3.1.2.6 PROTEÍNAS BRUTAS (AOAC, 1990)

Princípio: O método consiste na digestão da amostra com ácido sulfúrico concentrado a quente na presença de um catalisador metálico. O azoto orgânico presente na amostra é reduzido a amoníaco. Este é retido na solução sob a forma de sulfato de amónio. A solução é alcalinizada e depois destilada para libertar o amoníaco. O amoníaco é retido em ácido diluído e depois titulado.

Procedimento

Para evitar que a amostra bata nas paredes laterais de cada balão, pesou-se precisamente 0,5 g de amostra num balão de Kjehdal de 30 ml antes de os balões serem fechados e agitados. A mistura de catalisador Kjedahl foi então adicionada em incrementos de 0,5 g. Numa grelha de digestão ao lume, a mistura foi lentamente cozinhada até se obter uma solução límpida. Depois de repousar durante 30 minutos, a solução límpida foi deixada arrefecer. Após arrefecimento, utilizou-se água destilada para perfazer 100 ml. Adicionou-se água destilada para evitar a aglomeração, seguida da transferência de 5 ml para o aparelho de destilação de Kjedahl e da adição de 5 ml de hidróxido de sódio a uma concentração de 40%. Colocou-se um balão de receção de 100 ml contendo 5 ml de ácido bórico a 2% e uma mistura indicadora com 5 gotas de azul de bromocresol e 1 gota de azul de metileno sob o condensador do aparelho de destilação, de modo a que a torneira ficasse cerca de 20 cm dentro da solução, tendo a destilação começado imediatamente até que 50 gotas entrassem no balão de receção, após o que se titulou até à cor rosa com ácido clorídrico 0,01N.

Cálculos

% Azoto = Valor do título x 0,01 x 14 x 4

% de proteínas = % de azoto x 6,25

3.1.3 DETERMINAÇÃO DOS TEORES DE VITAMINA A, VITAMINA C E VITAMINA E

A vitamina A foi determinada pelo método colométrico de Futter-mayer de Kirk e Sawyer (1991), enquanto o teor de vitamina C foi determinado pelo método titulométrico de referido por Kirk e Sawyer (1991) e a vitamina E foi determinada utilizando a reação de Emmerie-Engel para a estimativa do tocoferol, tal como referido por Rosenberg (1992).

3.1.3.1 DETERMINAÇÃO DA VITAMINA A

Este valor foi determinado pelo método colométrico de futter - mayer de kirk e sawyer (1991). Um grama de material foi suavemente fervido em refluxo durante 30 minutos, após ter sido combinado com 10 ml de ácido etanoico sulfúrico. Em seguida, foi colocado numa ampola de decantação e tratado com três injecções de 30 ml de éter etílico, recuperando a camada etérea após cada injeção. O extrato etéreo foi então levado para um dessecador e seco durante 30 minutos antes de ser evaporado até à secura à temperatura ambiente. Foram utilizados 10 ml de etanol puro para dissolver o extrato seco. Em seguida, 1 ml do extrato dissolvido e uma quantidade equivalente de vitamina A normal foram transferidos para outros tubos. Após a adição contínua de 5 ml de álcool absoluto e 1 ml de solução concentrada de ácido nítrico, as misturas foram deixadas em repouso durante 5 minutos e a respectiva absorvância foi medida num espetrofotómetro a 410 nm com o reagente em branco no zero.

3.1.3.2 DETERMINAÇÃO DA VITAMINA C

Este valor foi determinado pelo método titrimétrico descrito por Kirk e Sawyer (1991). Uma amostra pesada foi homogeneizada numa solução de

EDTA/TCA a 6%. O homogenato foi filtrado e utilizado para análise. Adicionaram-se 20 ml de solução de KI a 30% e titulou-se contra uma solução de $CUSO_4$ 0,1M. O ponto final foi marcado por uma coloração negra. Foi também titulado um branco de reagente.

O teor de vitamina C foi calculado com base na relação que se segue.

1 ml de 0,1 mol de $CuSO_4$ = 88 mg de vitamina C

$$\text{Vitamina C mg/100} = \frac{1 \times .88 \times \text{título - branco}}{W}$$

3.1.3.3 ESTIMATIVA DO TOCOFEROL

O tocoferol foi estimado na amostra pela reação de Emmerie-Engel, como referido por Rosenberg (1992).

Princípio

A reação de Emmerie-Engel baseia-se na redução dos iões férricos a ferrosos pelos tocoferóis, que, com o 2, 2'-dipiridilo, formam uma cor vermelha. Os tocoferóis e os carotenos são primeiro amostrados com xileno e lidos a 460 nm para medir os carotenos. Após a adição de cloreto férrico, este é corrigido e a leitura é efectuada a 520 nm.

Amostragem de tocoferol

A amostra (2,5 g) foi homogeneizada em 50 ml de ácido sulfúrico 0,1 N e deixada em repouso durante a noite. O conteúdo do balão foi rapidamente agitado72 antes de ser filtrado com papel de filtro Whatman n.º 1. Para a estimativa, foram utilizadas alíquotas do filtrado.

Procedimento

Um mililitro e meio da amostra, 1,5 ml do padrão e 1,5 ml de água foram pipetados individualmente para 3 tubos de centrifugação com rolha. Adicionou-se 1,5 ml de etanol e 1,5 ml de xileno a cada tubo, misturou-se bem e centrifugou-se. Transferiu-se uma camada de 1,0 ml de xileno para um novo tubo com rolha. Adicionou-se 1,0 ml de reagente de dipiridilo a cada tubo e misturou-se bem. Pipetando 1,5 ml da mistura para uma cuvete, mediu-se a extinção a 460 nm. Todos os tubos receberam 0,33 ml de solução de cloreto férrico, que foi bem misturado. Após 15 minutos, a cor vermelha formada foi medida com precisão a 520nm num espetrofotómetro (Genesys 10-S, EUA).

A concentração de tocoferol na amostra foi calculada através da fórmula,

$$\text{Tocoferóis } (\mu g) = \frac{\text{Amostra } A_{520} - A_{460}}{\text{Norma } A_{520}} \times 0,29 \times 0,15$$

3.14 ANÁLISE MINERAL

O método de incineração húmida foi utilizado para libertar os metais investigados nas amostras dos complexos biológicos antes de os avaliar com um espetrofotómetro de absorção atómica (PinAAcle™ 900H) e um fotómetro de chama (Gulfex FP6410). A incineração húmida foi obtida através do aquecimento da amostra com uma mistura de digestão contendo ácidos nítrico, perclórico e sulfúrico concentrados num balão de Kjeldahl (AOAC., 1990). O cálcio, o ferro, o manganês, o magnésio e o zinco foram determinados por espetrofotómetro de absorção atómica; o sódio e o potássio por fotómetro de chama, enquanto o fósforo foi determinado pelo método do molibdato, utilizando a hidroquinona como agente redutor (AOAC., 1990).

3.2 ANÁLISE DOS DADOS

Os valores obtidos e a significância entre o grupo tratado e o grupo de controlo foram analisados por ANOVA de uma via utilizando o SPSS versão 17 e $P<0,05$ foi considerado estatisticamente significativo.

CAPÍTULO 4

4.0 RESULTADOS E DISCUSSÃO

A Tabela 4.1 mostrou o resultado da análise fitoquímica **do** extrato de folhas de *Ocimum gratissimum*. O resultado mostrou que o extrato da folha continha um nível elevado de esteróides (81,91±14,16 ug/g), flavol-3-ol (81,88±9,14 ug/g), antocianina (67,13±6,63 ug/g) e fenol (50,72±6,07 ug/ml) , com uma quantidade considerável de sapogenina (26.36±5,68 ug/g), Quinina (19,95±5,11 ug/g) e Lunamarina 14,64±0,15 ug/g), enquanto Proantocianina (0,42±0,03 ug/g), Naringenina (0,70±0,03 ug/g) e Epihedrina (1,55±0,51 ug/g) são encontradas em quantidades vestigiais.

Tabela 4.1: Tabela que mostra a composição fitoquímica média do extrato de folhas de *Ocimum*

Parâmetros	**Quantidade**
Proantocianina (ug/g)	0.42±0.03
Rutina (ug/g)	6.02±1.56
Ribalidina (ug/g)	4.90±0.00
Quinino (ug/g)	19.95±5.11
Flavol-3-ol (ug/g)	81.88±9.14
Antocianina (ug/g)	67.13±6.63
Lunamarina (ug/g)	14.64±0.15
Sapogenina (ug/g)	26.36±5.68
Epihedrina (ug/g)	1.55±0.51
Fenol (ug/ml)	50.72±6.07
Flavononas (ug/g)	6.04±1.14
Esteróides (ug/g)	81.91±14.16
Epicatequina (ug/g)	21.02±3.12
Kaepferol (ug/g)	2.97±0.07
Fitato (ug/g)	1.15±0.17

Oxalato (ug/g)	5.61±0.62
Resveratol (ug/g)	5.53±0.54
Flavonas (ug/g)	3.32±0.22
Naringenina (ug/g)	0.70±0.03
Tanino (ug/g)	12.39±2.85

Valores *médios±SEM*

A Tabela 4.2 mostrou o resultado da análise de proximidade do extrato de folha de *Ocimum gratissimum*. O resultado indicou o teor mais elevado de hidratos de carbono (51,78 ± 0,50%), com um teor mínimo de gordura bruta (4,94 ± 0,03%).

Tabela 4.2: A composição proximal percentual do extrato de folhas de *Ocimum gratissimum*

Componentes aproximados	Composição percentual (%)
Humidade	11.92 ± 0.02
Cinzas	11.48 ± 0.10
Fibra	9.38 ± 0.05
Gordura bruta	4.94 ± 0.03
Proteína	10.50 ± 0.04
Hidratos de carbono	51.78 ± 0.50

Valores *médios±SEM*

A Tabela 4.3 mostrou o resultado da análise de vitaminas do extrato de folhas de *Ocimum gratissimum*. O resultado indicou que a amostra é rica em vitamina E (35,85± 1,56 µg/g), com um teor mínimo de vitamina A (1,86± 0,07µg/g).

Quadro 4.3: A composição vitamínica do extrato de folhas de *Ocimum*

Vitaminas	Concentração µg/g
A	1.86 ± 0.07
C	3.40 ± 0.00
E	35.85 ± 1.56

Valores médios±SEM

A Tabela 4.4 mostrou o resultado da composição mineral do extrato de folhas de *Ocimum gratissimum*. O resultado indicou que a amostra contém uma quantidade considerável de ferro (1,40 ± 0,50 ppm) com uma quantidade mínima de cobre (0,29 ± 0,17ppm).

Tabela 4.4: A composição mineral do extrato de folhas de *Ocimum*

Minerais	Quantidade (ppm)
Cobre (ppm)	0.29 ± 0.17
Ferro (ppm)	1.40 ± 0.50
Manganês (ppm)	0.31 ± 0.08
Zinco (ppm)	0.79 ± 0.10
Selénio (ppm)	0.37 ± 0.02

Valores médios±SEM

Os resultados da análise proximal do vegetal de folha estão representados no Quadro 4.2. De um modo geral, os resultados indicam que o vegetal é uma boa fonte de hidratos de carbono, proteínas e fibra bruta. O teor de hidratos de carbono foi muito mais elevado (51,78 ± 0,50 %) em comparação com outros macronutrientes. O elevado teor de hidratos de carbono de *Ocimum gratissimum está de* acordo com os relatórios de Hussain *et al.* (2010) e Oladejo (2019). *O Ocimum gratissimum cumpre* o requisito de fornecer mais de 12% do seu valor calórico a partir de proteínas e pode, portanto, ser considerado uma boa fonte de proteínas de acordo com Ajayi *et al.*, (2018). *No entanto,* o elevado teor proteico do *Ocimum gratissimum* não o apresenta como uma boa fonte de proteínas, uma vez que a qualidade de uma proteína depende da sua capacidade de fornecer todos os aminoácidos essenciais na quantidade necessária (Pellett *et al.*, 2018). Por conseguinte, é necessária uma avaliação da qualidade das proteínas para determinar a capacidade da *Ocimum gratissimum* para satisfazer as necessidades proteicas da dieta.

Os microelementos: cobre, ferro, manganésio e zinco também estão bem representados no legume. Embora a Ingestão Dietética de Referência (DRI) de 20,5 mg de ferro não possa ser atingida pelo legume numa dose de 100g por dia, o legume é, no entanto, uma boa fonte de ferro, uma vez que a suplementação com outros componentes alimentares compensará as necessidades de ferro. Estudos epidemiológicos indicam que as dietas ricas em ferro podem ajudar a combater infecções, melhorar a saúde do cérebro e também promover a circulação sistémica de oxigénio (Oladejo, 2019). O manganês é um metal essencial porque é necessário para a função imunitária adequada, a regulação do açúcar no sangue e da energia celular, a reprodução, a digestão, o crescimento ósseo, a coagulação do sangue e a homeostase, bem como a defesa contra espécies reactivas de oxigénio (Nnenne *et al.*, 2020). Os efeitos benéficos do manganês devem-se à incorporação do metal em metaloproteínas, auxiliando assim as funções bioquímicas. A quantidade ínfima de manganês (0,31 ± 0,08 ppm) presente nesta hortaliça folhosa indica que ela poderia fornecer ao organismo as concentrações mínimas de manganês necessárias para as actividades enzimáticas básicas.

Da mesma forma, as concentrações de zinco do vegetal, tal como observadas neste estudo, foram consideradas comparáveis com trabalhos anteriores (Ajayi *et al.*, 2018; Oladejo, 2019). O zinco é altamente recomendado nas dietas, uma vez que é necessário para o bom funcionamento dos órgãos sexuais e para a atividade enzimática. Os níveis elevados de zinco estão geralmente associados a alimentos ricos em proteínas, enquanto os níveis baixos são obtidos a partir de alimentos ricos em hidratos de carbono (Enemor *et al.*, 2019).

As vitaminas são compostos orgânicos que são essenciais para um organismo em pequenas quantidades para uma função metabólica correta. Como demonstrado neste estudo, *a Ocimum gratissimum* continha uma quantidade considerável de vitaminas, especialmente as vitaminas A, C e E. A vitamina A é uma vitamina lipossolúvel que está naturalmente presente em muitos alimentos. É importante para a visão normal, o sistema imunitário, a reprodução, o crescimento e o desenvolvimento. Também foi relatado que ajuda no bom funcionamento do coração e dos pulmões (Nnenne *et al.*, 2020). O teor de vitamina A, conforme relatado neste estudo, é consistente com as conclusões de Oladejo (2019) e Enemor *et al.*, (2019). Na mesma linha, o vegetal pesquisado é considerado uma fonte rica de vitamina E (35,85 ± 1,56 µg/g). A vitamina E é uma vitamina lipossolúvel que actua como antioxidante e, consequentemente, ajuda a proteger as células dos danos ocasionados pelos radicais livres. Por conseguinte, o consumo deste vegetal poderia ajudar o mecanismo de defesa antioxidante do organismo e, consequentemente, melhorar a saúde.

CONCLUSÃO

Este estudo indica que o vegetal investigado é uma fonte rica de hidratos de carbono, proteínas, fibras e minerais essenciais, bem como de vitaminas A, C e E. *O Ocimum gratissimum* apresentou um perfil nutritivo capaz de promover a saúde e o bem-estar. Os anti-nutrientes presentes neste vegetal de folha são muito inferiores aos limites de segurança e aos relatórios para outros alimentos de origem vegetal, incluindo frutos secos, raízes, feijões e bagas. Uma dose de 100 g por dia dos vegetais investigados, complementada por outras fontes de nutrientes, fornecerá a DDR dos minerais essenciais investigados. Enquanto que uma dose de até 2 kg por dia de vegetais não contribui com anti-nutrientes acima dos limites de segurança.

REFERÊNCIAS

Adewole, E. (2014). Constituinte Proximal e Fitoquímico de *Ocimum Gratissimum*. *J. de Ciências Físicas e Químicas*. **1**:1. ISSN: 2348 - 327X.

Ajayi,O. B., Bamidele, T. J., Malachi, O. I. e Oladejo, A. A. (2018). Comparativo Análise Proximada, Minerais e Antinutrientes de Folhas Nigerianas Selecionadas Vegetais. Jornal de Ciências da Vida Aplicadas Internacional, 16(1): 1-8.

Ajayi, A.M., Umukoro, S., Ben-Azu, B., Adzu, B., Ademowo, O.G. (2017). Toxicidade e efeito protetor da fração de etilacetato enriquecido com fenólicos da folha de *Ocimum gratissimum (linn.)* Contra inflamação aguda e estresse oxidativo em ratos. *Drug Dev. Res*.**78**:135-145.

Akara, E.U., Okezie, E., Ude, V.C., Uche-Ikonne, C., Eke, G., Ugbogu, A.E. (2021). O extrato de folha de *Ocimum gratissimum* melhora a anemia e a toxicidade induzidas pela fenil-hidrazina em ratos Wistar. *Drug Metab. Pers. Ther*, doi:10.1515/dmdi-2020-0185. PMID: 33831984.

Anjili, E.M., Nuhu, A.A., Uba, S. (2019). Estudo comparativo do conteúdo nutricional das folhas de plantas *Ocimum Basilicum* e *Ocimum Gratissimum* e amostras de solo dos estados de Borno e Enugu, Nigéria. *BAJOPAS*, **12**(1):40-51.

AOAC, (1990). Official Methods of Analysis of the AOAC, 15th edition. Association of Official Analytical Chemists, Washinghton D. C., Pp 221-228.

Ayinla, M.T., Dada, S.O., Shittu, S.T., Olayaki, L.A., Akiode, A.O., Ojulari, S.L. (2011). Efeitos antilipidémicos do extrato aquoso de folhas de *Ocimum gratissimum* em ratos diabéticos induzidos por aloxano. *Int. J. Med. Sci.* **3**(12): 360-3.

Aziba, P.I., Bass, D., Elegbe, Y. (1999). Investigação Farmacológica de *Ocimum gratissimum* em roedores. *Phytother Res*. **13**: 427-9.

Baiyeri, S.O., Chimaluka, C.A., e Okorie, O. N. (2023). Conteúdo aproximado, mineral, Vitamina, e Conteúdo Anti-Nutriente das Folhas de *Senecio biafrae*. *Jornal de Ciências Agrícolas,* 68(1):67-79

Benitez, N.P., León, E.M.M., Stashenko, E.E. (2009). Eugenol e metil eugenol quimiotipos do óleo essencial das espécies *Ocimum gratissimum L.* e *Ocimum campechianum* Mill. da Colômbia. *J. Chromatogr*. Sci;**47**:800-803.

Buss, A.D., Butler M.S., (Eds.). (2010). Química de produtos naturais para a descoberta de medicamentos. The Royal Society of Chemistry, Cambridge, P. 153.

Chah, K.F., Eze, C.A., Emuelosi, C.E., Esimone, C.O. (2006). Propriedades antibacterianas e de cicatrização de feridas de extractos metanólicos de algumas plantas medicinais nigerianas. *J. Ethnopharmacol*.**104**:164-167.

Enemor, V.H.A., Oguazu, C.E., Odiakosa, A.U. e Okafor, S.C. (2019). Avaliação das propriedades medicinais e possível composição nutricional de *Citrullus lanatus* (melancia) semente. Res J Med Plants. 13:129-135.

Essoung, F., Tadjong, A.T., Chhabra, S.C., Mohamed, S.A., Hassanali, A. (2020). Repelência e toxicidade fumigante de óleos essenciais de *Ocimum gratissimum* e *Ocimum kilimandscharicum* em *Tuta absoluta* (*Lepidoptera: Gelechiidae*) *Environ. Sci. Pollut. Res. Int.* **27**:37963-37976.

Hussain, J., Rehman, N.U., Khan, A.L., Hamayun, M., Hussain, S.M. e Shinwari, Z.K. (2010). Avaliação dos nutrientes essenciais e do teor aproximado de selecionadas de espécies hortícolas da região de Kohat, Paquistão. Pak. J. Bot. ;42(4):2847-2855.

Irondi, E.A., Agboola, S.O., Oboh, G., Boligon, A.A. (2016). Efeito inibitório dos extractos de folhas de *Ocimum basilicum* e *Ocimum gratissimum* em duas enzimas-chave envolvidas na obesidade e hipertensão in vitro. *J. Intercult. Ethnopharmacol.*; **5:**396-402.

Kirk, R.S e Sawyer, (1991). Pearsons Food Composition and Analysis. 4th Edition. Macmillan Publisher Company, Reino Unido.

Kpoviessi, K.B.G., Ladekan, E.Y., Kpoviessi, D.S., Gbaguidi, F., Yehouenou, B., Quetin-Leclercq, J., Figueredo, G., Moudachirou, M., Accrombessi, G.C. (2012) . Variação química dos constituintes do óleo essencial de *Ocimum gratissimum L.* do Benim, e impacto nas propriedades antimicrobianas e toxicidade contra *Artemia salina leach. Chem. Biodivers*; **9**:139-150.

Kpoviessi, K.B.G., Kpoviessi, S.D., Ladekan, E.Y., Gbaguidi, F., Frédérich, M., Moudachirou, M., Quetin-Leclercq, J., Accrombessi, G.C., Bero, J. (2014). Actividades antitrypanosomal e antiplasmodial in vitro de extractos brutos e óleos essenciais de *Ocimum gratissimum Linn* do Benim e influência da fase vegetativa. *J.* Ethnopharmacol; **155**:1417-1423.

Lahlou, S., Interaminense, L., Leal-Cardoso, J.H., Morais, S.M., Duarte, G.P. (2004). Efeitos cardiovasculares do óleo essencial das folhas de *Ocimum gratissimum* em ratos: papel do sistema nervoso autónomo. *Clin. Exp. Pharmacol. Physiol.*; **31**:219-225.

McDonald P, Edwards RA, Greenhalgh JFD. Animal Nutrition. Edinburgh: T and A Constable Ltd. 1973: 2-5.

Melo, R.S., Azevedo, A.M.A., Pereira, A.M.G., Rocha, R.R., Cavalcante, R.M.B., Matos, M.N.C., Lopes, P.H.R., Gomes, G.A., Rodrigues, T.H.S., Dos Santos, H.S., Ponte, I.L., Costa, R.A., Brito, G.S., Júnior, F.E.A.C., Carneiro, V.A. (2019). Composição química e eficácia antimicrobiana do óleo essencial de ocimum gratissimum L. contra isolados multirresistentes de Staphylococcus aureus e Escherichia coli. Molecules, 3864:2-17.

Moneme, E.C., Nwaka, A.C., Oladejo, A.A., Anyanwu, R.O., Onuegbu, M.E., Ajakpofo, F.O (2024). Efeito Histopatológico e Anti-hemorroida do Extrato de Folha de Ocimum Gratissimum em Óleo de Croton-hemorroida induzida. *Jornal de Investigação Médica Complementar e Alternativa*, **25**(12):1-10.

Nakano M. R., Umar B. D., Nuhu A. L. e Adamu I. T.(2023). Composição proxima e composição mineral de alguns vegetais de folhas selvagens consumidos no estado de Katsina Jornal Mundial de Tecnologia Avançada de Engenharia e Ciências, 09(01):084-088.

Njoku, O. U., Joshua, P.E., Agu, C.V., Dim, N.C. (2011). Propriedades antioxidantes de *Ocimum gratissimum* (folha de perfume). *Revista científica de Nova Iorque*. **4**(5):98-103.

Nnenne, S.K., Ubaoji, K.I., Ogbodo, U.C., Enemor, V.H.A. e Oladejo, A.A. (2020). Estudo Comparativo sobre os Componentes Nutricionais e Antioxidantes de Frutas Partes de *Citrullus lanatus*. *Jornal Europeu de Nutrição e Segurança Alimentar,* 12(11): 39-51.

Nweze, E.I., Eze, E.E. (2009). Justificação para a utilização de *Ocimum gratissimum L* na medicina herbal e a sua interação com antibióticos de disco. *BMC Compl. Alternative* Med**;** **9**:37.

Nwinyi, O.C., Nwodo, S., Ajani, O., Ikpo, C., Oguniran, K. (2009). Efeito antibacteriano de *Ocimum gratissimum* e *piper guinense* em *Escherichia coli* e *staphylococcus aureus*. *Revista Africana de Ciência Alimentar*, **3**(1);022-025.

Ojimelukwe, P.C. e Amaechi, N. (2019). Composição de Vernonia amygdalina e seus potenciais benefícios para a saúde. *Jornal Internacional de Meio Ambiente, Agricultura e Biotecnologia*, 4 (6):1836-1848.

Okonwu, K., Egerton,N. A. Ajayi, A. E.e Agogbua, J. U.(2022).Nutritional Composição de alguns dos cereais e leguminosas mais consumidos na

Nigéria. *Jornal Europeu de Nutrição e Segurança Alimentar,* 14 (2):53-58.

Oladejo A.A. (2019). Análise comparativa de vitaminas de alguns nigerianos selecionados Vegetais de folha verde selecionados de duas zonas diferentes". *Ata Científica Saúde Nutricional* 3(11): 1-7.

Oluwole, S. O., Fajana, O. O., Ogun, M. L., Ogbe, A. A., Ademola, O. A. (2019). Análise da Composição Proximal e Mineral das Folhas de *Amaranthus cruentus* e *Ocimum gratissimum* em Algumas Áreas Selecionadas do Estado de Lagos, Nigéria, *International Journal of Ecosystem*, **9** (1):6-11. doi: 10.5923/j.ije.20190901.02.

Omodamiro, O.D., Jimoh, M.A. (2015). Atividades antioxidantes e antibacterianas de *Ocimum gratissimum. Am. J. Phytomed. Clin. Ther.* **3**(1):10-19.

Orafidya, L.O., Fakoya, F.A., Agbani, E.D., Iwalewa, E.O. (2005). Efeito de aumento da permeabilidade vascular do óleo essencial da folha de *Ocimum gratissimum linn* como mecanismo para a sua propriedade de cicatrização de feridas. *Afr.J. Trad. CAM.*,**2**:253-8.

Osuagwu, F.C., Oladejo, O.W., Adewoyin, B.A., Ekpo, O.E., Oluwadara, O.O., Ozegbe, P.C., Akang, E.E. (2004). Actividades de cicatrização de feridas de extractos metanólicos da folha de *Ocimum gratissimun* em ratos wister; Um estudo preliminar. *Africa J medicine and medical sciences*, **33**(1); 23-26.

Pearson D. Chemical analysis of foods. (7ª ed) Churchchill, Livingstone, Londres. (1976):7-12.

Pellett, P. L. e Young, V. R. (2018). Avaliação nutricional de alimentos proteicos. Alimentos e Boletim de Nutrição. 4(1):1-7.

Prabhu, K.S., Lobo, R., Shirwaikar, A.A., Shirwaikar, A. (2009). *Ocimum gratissimum*: uma revisão das suas propriedades químicas, famacológicas e etnomedicinais. *OP. Comp. Med. J.* **1**: 1-15.

Rosenberg, H.R. (1992). Chemistry and physiology of the vitamins (Química e fisiologia das vitaminas). Editora Interscience, Nova Iorque. P 452-3.

Sahouo, G.B., Tonzibo, Z.F., Boti, B., Chopard, C., Mahy, J.P., N'guessan, Y.T. (2003). Actividades anti-inflamatórias e analgésicas: Os constituintes químicos dos óleos essenciais de *Ocimum gratissimum*, *Eucalyptus citriodora* e *cymbopogon giganteus* inibiram a lipoxigenase L-1 e a ciclo-oxigenase de PGHS. *Bull Chem. Sc. Ethiopia.* **17**:191-7.

Talabi, Y. J., Makanjuola, A. S. (2017). Propriedades Proximais, Fitoquímicas e Antimicrobianas In Vitro de Folhas Secas de *Ocimum gratissimum*. *Prev Nutr Food Sci.*, **22**(3):191-194.

Tanko, Y., Magaji, G.M., Yerima, M., Magaji, R.A., Mohammed, A. (2008). Actividades antinociceptivas e anti-inflamatórias do extrato aquoso de folhas de *Ocimum gratissimum* (*Labiate*) em roedores. *Afr. J. Tradt. Complimentary Altern. Med.*, **5**:141-146.

Terry, N., Zayed, A.M., De Souza, M.P., Tarun, A.S. (2000). Selénio em plantas superiores. *Revisão anual de Fisiologia Vegetal e Biologia Molecular*, **51**: 401-432.

Turk, R., John, A.C. (2005). Ação anti-inflamatória dos glucocorticóides - Novos mecanismos para fármacos antigos. *N Engl J Med.* **20**:1711-23.

Ujowundu, C.O., Nwokedinobi, N., Okechukwu, R.I., Kalu, F.N., Nwaoguikpe, R.N. (2011). Potenciais quimioprotectores do *Ocimum gratissimum* na hepatotoxicidade induzida pelo petróleo diesel em ratos albinos. *Jornal de ciência farmacêutica aplicada.* **01**(10); 56-61

Ugbogu, O.C., Emmanuel, O., Agi, G.O., Ibe, C., Ekweogu, C.N., Ude, V.C., Uche, M.E., Nnanna, R.O., Ugbogu, E.A. (2021). Uma revisão sobre os usos tradicionais, fitoquímica e actividades farmacológicas do manjericão de cravo (*Ocimum gratissimum L). Heliyon,* **7**(11):e08404.

Umar, M., Nkemelu, C.P., Sagir, M.R., Mohammed, S.Y., Ajiya, G.K., Mohammed, I.B., Yaya, A.A., Kigbu, A.A., Ojo, S.A., Abdulkarim, M.I., Tafinta, I.Y., Amuta, I.C. (2019). Avaliação das actividades fitoquímicas, antimicrobianas e análise toxicológica dos extractos de folhas de perfume (*Ocimum gratissimum* L). *Revista asiática de pesquisa em ciências médicas e farmacêuticas*. **7**(3): 1-11.

Venuprasad, M.P., Kandikattu, H.K., Razack, S., Khanum, F. (2014). Análise fitoquímica de *Ocimum gratissimum* por LC-ESI - MS / MS e seus efeitos antioxidantes e ansiolíticos. *South Afr. J. Bot., Le;* **92:**151-158.

MIX
Papier aus verantwortungsvollen Quellen
Paper from responsible sources
FSC® C105338

Printed by Books on Demand GmbH, Norderstedt / Germany